Lieferung 10 Preis 1 Mark
Gesamtpreis des Werkes gebunden 25 Mark

# DIE ZEICHENKUNST

METHODISCHE DARSTELLUNG DES GESAMTEN ZEICHENWESENS

UNTER MITWIRKUNG
VON
A. ANDĚL, LUDWIG HANS FISCHER, M. FÜRST, O. HUPP, A. KULL, KONRAD LANGE, A. MICHOLITSCH, ADOLF MÖLLER, PAUL NAUMANN, F. REISS, A. v. SAINT-GEORGE, KARL STATSMANN, R. TRUNK, J. VONDERLINN UND HERMANN WIRTH

HERAUSGEGEBEN
VON
KARL KIMMICH

ZWEITE
VERBESSERTE UND VERMEHRTE AUFLAGE

MIT 1157 ABBILDUNGEN IM TEXT
UND 60 TAFELN IN FARBEN- UND LICHTDRUCK

23 LIEFERUNGEN à 1 MARK UND 2 EINBANDDECKEN à 1 MARK
KOMPLETT IN 2 ORIGINALLEINENBÄNDEN 25 MARK

LEIPZIG
G. J. GÖSCHEN'SCHE VERLAGSHANDLUNG

nur Lichtpausen herauszugeben, für Arbeitsplätze auf starkem Papier. Die kostspieligste Art der Vervielfältigung, aber auch die genaueste und vornehmste, ist diejenige durch **Photographie** und **Phototypie**. Für Buchdruck kommen da mehrere Vervielfältigungsarten in Frage; für Reproduktion von Zeichnungen mit schwarzen Strichen eignet sich am besten die Zinkhochätzung, für schattierte getuschte Sachen der Lichtdruck und die Autotypie.

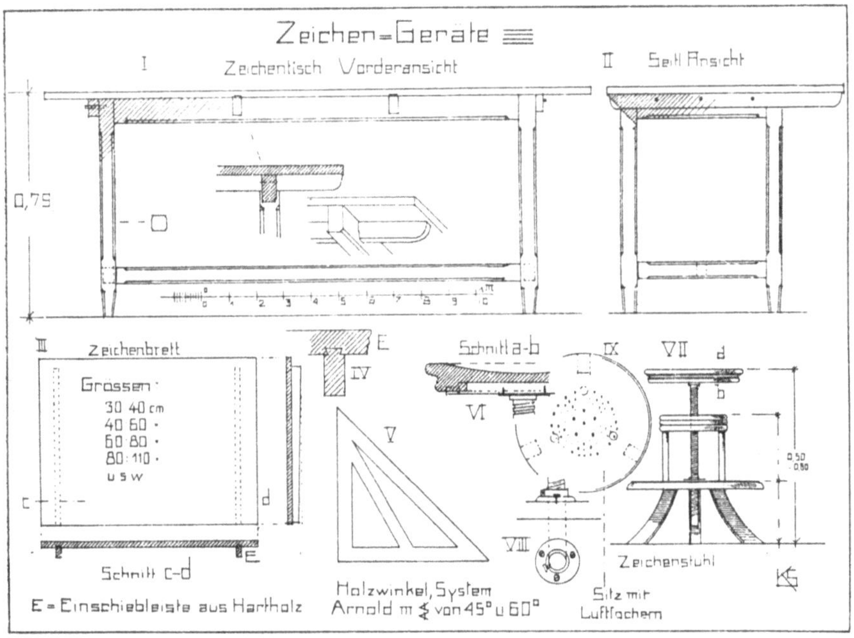


Fig. 654. Zeichentisch und -Stuhl. Nach Architekt Professor Issleiber.

b) **Das eigentliche A. Z.** erfordert auch eine Reihe von **wissenschaftlichen Hilfsmitteln** aus verschiedenen Gebieten als Grundlage oder als Beihilfe: Für die Linienführung das **Linearzeichnen**, welches die Kenntnis des Zeichnens von geraden und gekrümmten Linien sowie die Methode der exakten Darstellung vermittelt. — Für das Auftragen von Strecken, Geraden, Winkeln, Flächen- und Körperfiguren sowie deren Messung ist aus der Mathematik die **ebene Geometrie** und **Stereometrie** zugrunde zu legen; die Berechnungsweisen lehrt die Arithmetik, auch die Kenntnis der Maßstäbe (vgl. Fig. 655). Diese Grundlagen führen vereint zur **Projektionslehre**, der ersten Hauptstufe zum A. Z. Sie lehrt im allgemeinen elementare Gebilde des Raumes in ihren Umrissen und in verschiedenen räumlichen Stellungen darstellen, in Grund- und Aufrissen, Durchschnitten, Durchdringungen u. a. Sie ist ein Teil der darstellenden Geometrie, welche lehrt, wie die wahren Größen von räumlichen Gebilden (Gerade, Ebenen, Flächen) aus ihrer Projektion zu finden sind. Sie kommt zur technischen Anwendung in der Lehre vom Steinschnitt. Ein Anwendungsgebiet ist weiterhin

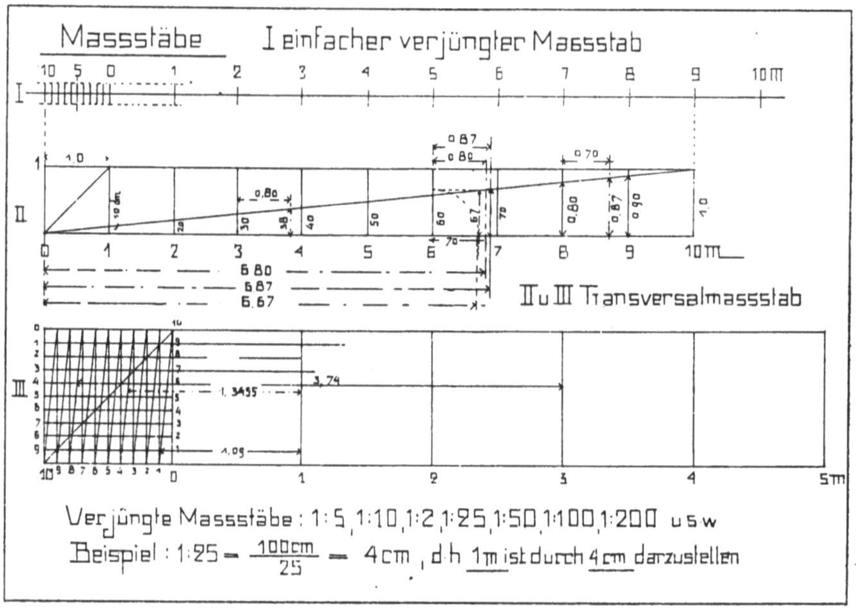


Fig. 655.

die Schattenlehre und Perspektive. In der praktischen Anwendung ist die Geometrie als Feldmeßkunde bekannt.

Nunmehr folgen die Grundlagen aus der Lehre der Baukunst, der Baukunde (vgl. die Werke von Gottgetreu, Breymann, Handbuch der Architektur, Baukunde des Architekten, Deutsches Bauhandbuch). Die allgemeine Baukunde lehrt die Kenntnis der Baumaterialien, Prüfung der Baustoffe, Berechnung der Baukonstruktionen (Mechanik, Statik), die Art, Form, Zusammenfügung der Bauteile in verschiedenen Stoffen, Stein, Holz, Eisen u. a. (Mauer-, Stein-, Holz-, Eisenkonstruktionen), die Kostenberechnung von Bauteilen und Bauten, die geschäftliche Leitung derselben. Die besondere Gebäudekunde gibt Aufschluß über die Art, den Zweck, die Einrichtung der Bauwerke (Wohn- und Geschäftshäuser, öffentliche Bauten), ihre Anlage in Grundriß, Aufriß, Schnitt, die Form und Größe der Räume, ihre Behellung, Lüftung, Heizung, Entwässerung, Wasserversorgung, Möblierung, Ausstattung. Ein besonderes Gebiet ist die Bauformenkunde. Sie zeigt, wie die Bauformen aus dem Zweck, der Örtlichkeit, dem Material, der Struktur des Gebäudes hervorgehen. Ihre geschichtliche Entwicklung wird in der Lehre von den Baustilen gegeben. (NB. Es fehlt noch an einer vom Standpunkte der handwerkstechnischen Entwicklung gegebenen Darstellung dieses Gebietes. Die meisten Bücher sind einseitig kunsthistorisch oder bauästhetisch.) Ein Teil dieser Lehre ist diejenige von den klassischen Säulenordnungen. Die tektonischen Grundlagen der Bauformenlehre werden in der Lehre von den Baugliedern gegeben. Unterstützend wirkt die Lehre vom Ornament.

Eine organisch richtig entwickelte Baukunde ist derart aufgebaut, daß nicht erst Teile, Bauteile, erklärt werden und zuletzt erst das Ganze des Hauses geschildert, sondern daß zuvörderst das Haus als Ganzes und als Teil der Umgebung in Betracht gezogen wird, dessen Entwicklung aus den gegebenen Verhältnissen (Ort, Lage, Himmelsrichtung, Zweck, Material), daß sodann die innere Bedarfsteilung bestimmt (Einteilung, Art der Räume, Öffnungen), hieraus der Auf- und Ausbau in Konstruktion und Form entwickelt und nach dem Prinzip verfahren wird: Erst das Notwendige und dieses dann mäßig und den Mitteln gemäß veredelt. Und eine Bauentwicklung des Hauses von innen nach außen, nicht umgekehrt. Denn die Architektur ist eine raumgestaltende Kunst und diesem Hauptzweck müssen andere wie die der Dekoration sich unterordnen. Nach der älteren Kompositionsart war oft eine streng und regelmäßig gegliederte Fassadenbildung (gleiche Achsen usw.) bewirkt und nachher erst die innere Zimmereinteilung angeordnet worden, welche häufig direkt abhängig war von jener schematischen äußeren Anordnung.

## II. Die gewöhnliche Methode des A. Z. Das Architekturzeichnen.

a) Sachlich, inhaltlich, baut sich das A. Z. auf dem Erläuterten auf. (Fig. 656 u. f.) Auf diesen Tafeln wurde der Einfachheit halber nicht ein großes kompliziertes Gebäude, sondern ein kleines einräumiges, das eines

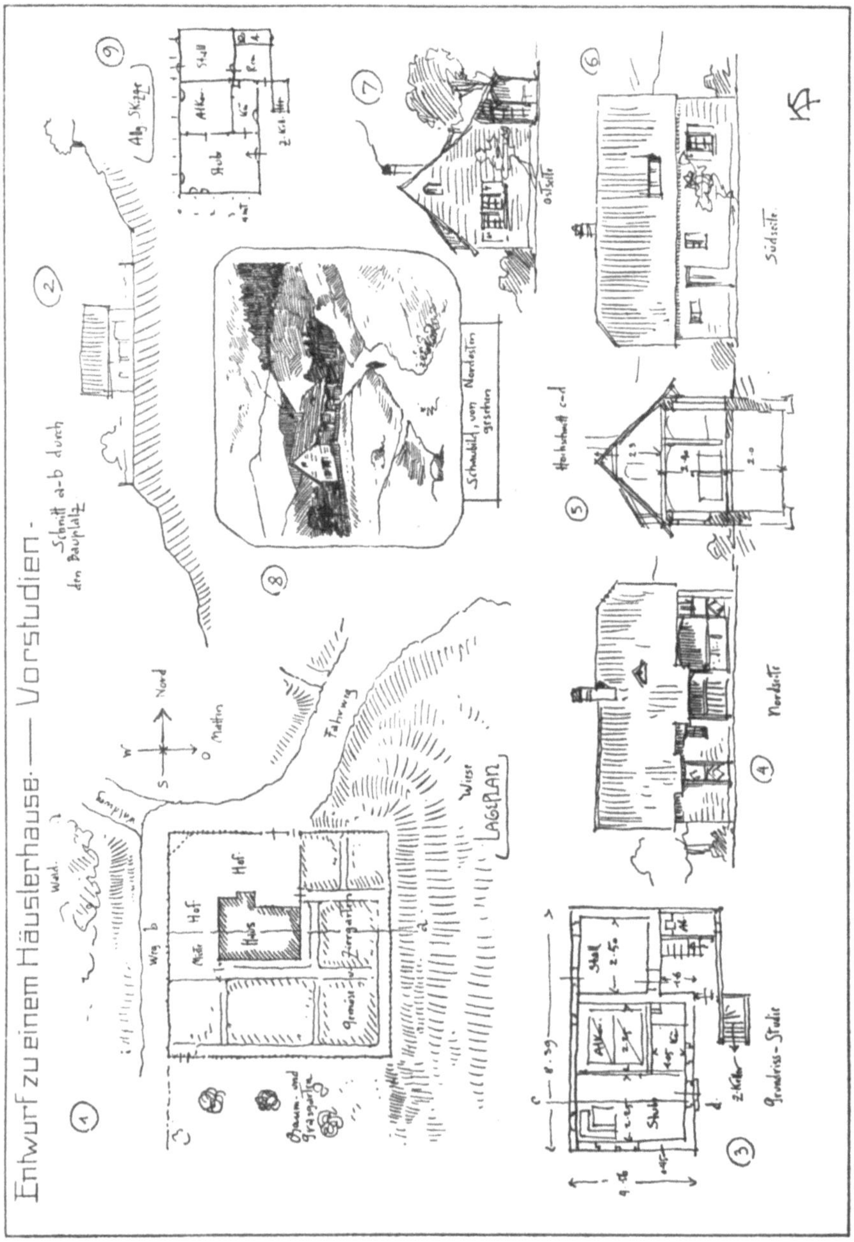


Fig. 656. Erste Skizze einer Bauanlage.

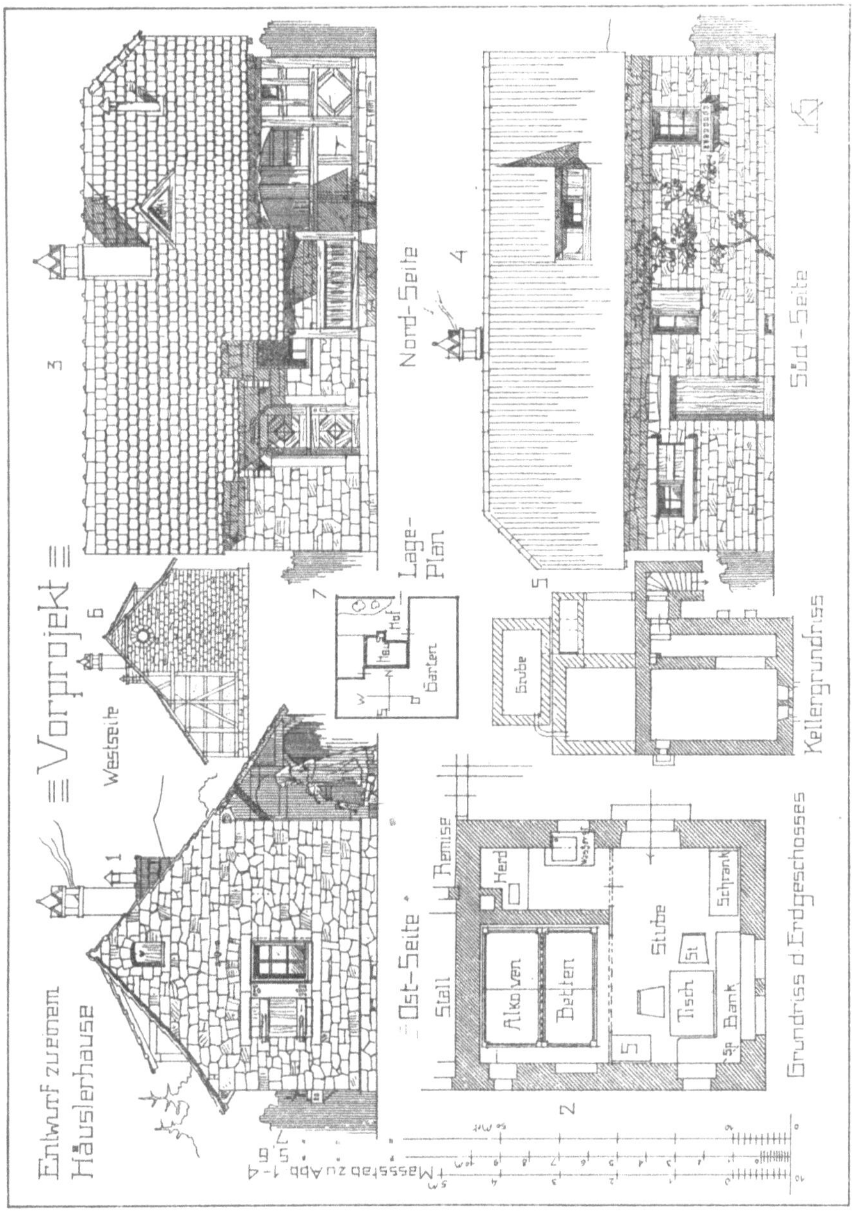
Entwurf zu einem Häuslerhause
Vorprojekt
Westseite
Nord-Seite
Süd-Seite
Ost-Seite
Lage-Plan
Hof
Garten
Kellergrundriss
Grube
Grundriss d. Erdgeschosses
Stall
Remise
Alkoven
Betten
Stube
Tisch
Bank
Schrank
Herd
Massstab zu Abb 1-4

Fig. 657.

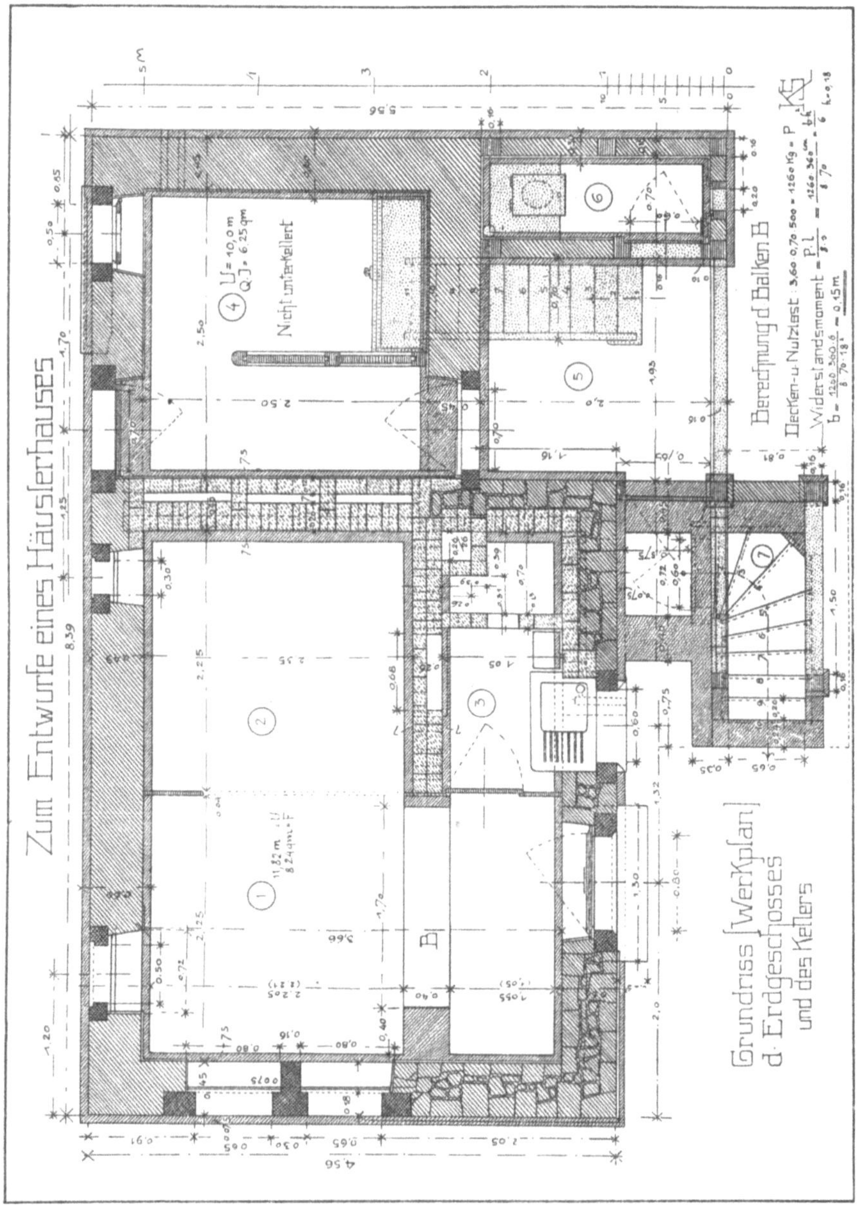


Fig. 658. Werkplan des Erdgeschosses des Häuslerhauses samt Keller- und Fundamentplan.

Häuslers (kleiner Landarbeiter oder Bauer) dargestellt. Es kann sich in diesem Buche nicht darum handeln, alle möglichen Gebäudearten darzustellen, dafür sind die Sonderwerke vorhanden; es ist vielmehr die Kunst des A. Z. als solchen zu behandeln, also eine methodische Darstellung des Wesens und Umfanges derselben, wie sie sich bei allen Bauzeichnungen wiederholt.

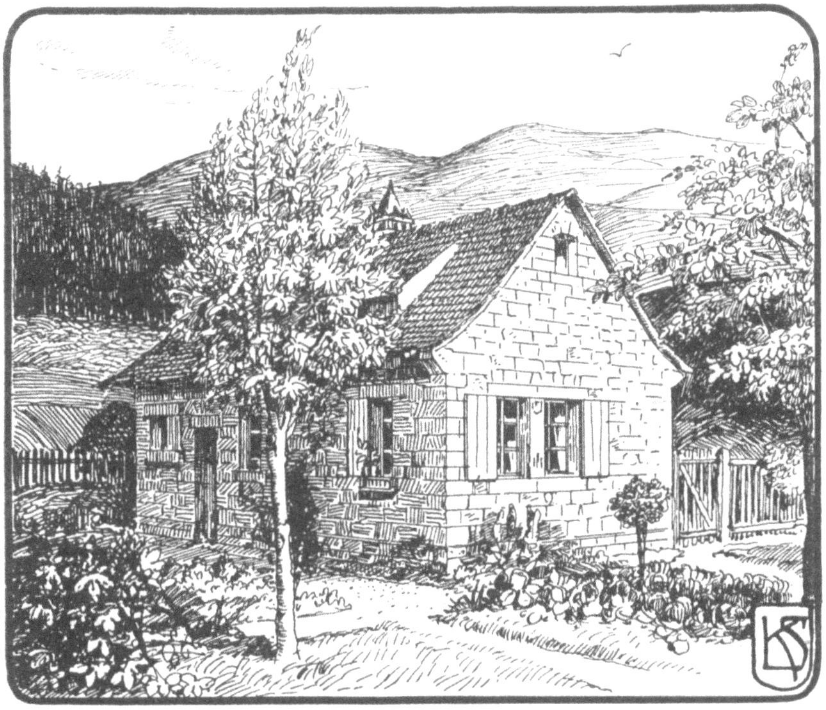

Fig. 659. Schaubild des Häuslerhauses (Südostseite).

Die Figuren 656 und 657 geben den Lageplan des Anwesens. Das Haus steht in etwa quadratischem Bauplatz frei und derart, daß auf der Sonnenseite der Garten und die Stube, im übrigen Teile das wirtschaftlich Nötige sich befindet (Stallung usw., Hof). Im Grundriß des Gebäudes, welches ein Erdgeschoß und ein Dachgeschoß besitzt, ist die Wohnstube durch die eingezeichneten Mobilien u. a. in ihren kleinsten Abmessungen bestimmt (Fig. 657), samt ihren Nebenteilen, wie Bettraum (Alkoven) und Kochgelaß (Herd), ebenso der an den Wohnteil stoßende Stall nebst Remise, Klosett, Treppe nach Keller und Speicher. Unterkellert ist nur der Wohnteil (Fig. 657). Aus der angenommenen Grundeinteilung des Gebäudes ist durch Bestimmung der Höhen in einem Querschnitt als Hoch- oder Höhenschnitt der Aufbau festgelegt (Fig. 660). Der Grundriß eines Gebäudes ist eigentlich ein Grundschnitt. Die Annahme der Tür- und Fensteröffnungen nach Zweck und Konstruktion bestimmt dann ihre Erscheinung am Äußeren des Gebäudes, welches durch die in der Dachkonstruktion festgelegte Dachform endgültig seine Gestalt erhält (Fig. 660). Die Größe der Lichtflächen der Fenster wird durch die Gesetze der Baukunde (mit Bezug auf qm Grundfläche der Räume und deren Form) bestimmt. In der äußeren Bauerscheinung wirkt die Wahl des Materials mit (Steinreinbau oder Rohbau; Putzbau; Holzfachwerkbau und Mischungen; Giebel- und Walmdach mit Stroh-, Schiefer-, Ziegeldeckung u. a.).

Mit diesen Baukonstruktionen und Bauformen ist die Hausform im ganzen gegeben, wozu eine Skizze in reduziertem Maßstab (vgl. hierzu Fig. 656 und 657) als ein Vorprojekt hinreicht. Diese Skizze kann auch (vgl. auch Textvignette, Fig. 653) in einfacherer Darstellung aus freier Hand und mit Bleistift ohne Schatten oder Tuschen gegeben werden. Der passenden Verteilung auf Figur 657 wegen wurden einige Figuren in verjüngtem Maßstab dargestellt. (Fig. 655 bis 657.) — In der Baupraxis beschreitet man meist diesen Weg vom generellen Vorprojekt zum eigentlichen ausführlichen Bauprojekt in größerer Darstellung (1 : 100, 1 : 50, 1 : 25, 1 : 20), an welche sich dann Werkpläne in den Maßstäben 1 : 10, 1 : 5, 1 : 2, 1 : 1 (letzterer gleich natürlicher Größe) anschließen, für die Bauausführung. Man begnügt sich im Vorprojekt mit Angabe der Hauptmaße und gibt eher schaubildliche Darstellung dazu.

Die Aufnahmen von Bauwerken nach der Natur zeigen den umgekehrten Weg des A. Z. Nach genau aufgenommenen Maßen oder Maßskizzen aller Teile wird zuletzt das in kleinerem Maßstab zu zeichnende Bild des ganzen Baues angefertigt (Fig. 684).

An Behörden (Baupolizei) werden die Vorprojekte mit Tusche ausgezogen oder gelichtpaust und genügen meist in schlichter Darstellung, aus der die Hauptmaße und der Charakter des Bauwerks ersehen werden können. Leider wird selten eine detaillierte Formdarstellung verlangt, die Bauformen unterliegen oft nicht der Kontrolle, die glückliche Einordnung des Baues in die Umgebung wird nicht überall sorgsam genug oder überhaupt nicht geprüft.

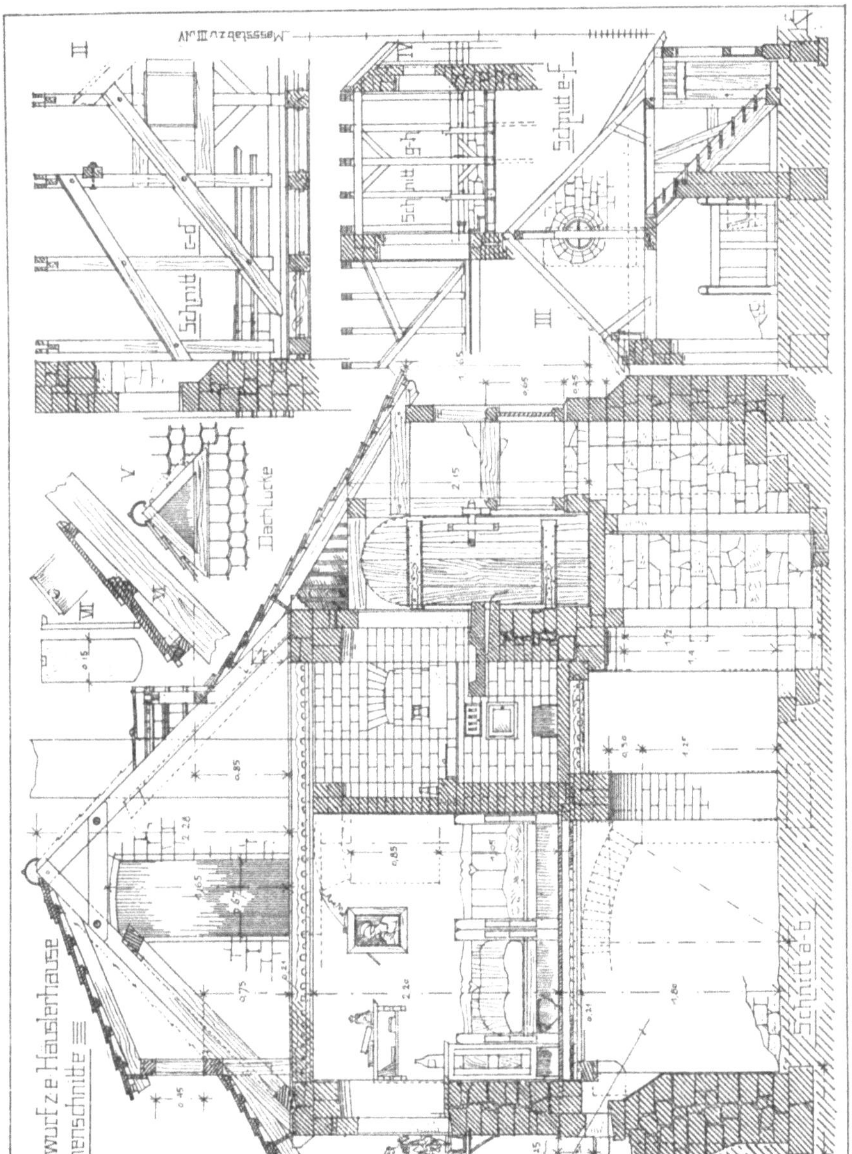

Fig. 660.

Nach dem Vorprojekt werden nun die eigentlichen Baupläne hergestellt (Fig. 658 u. f.)[1]. Zur Bauausführung und Berechnung werden alle Maße eingetragen, auch die Raumanzahl (Fig. 658). Für die einzelnen Bauhandwerker werden noch besondere Werkpläne hergestellt (Maurer-, Steinmetz- oder Steinhauer-, Zimmer-, Klempner- oder Blechner-, Dachdecker-, Schlosser-, Schmiede-, Tischler- oder Schreiner-, Glaser-, Malerarbeiten usf.), und zwar Werkpläne als Übersichtspläne (Fig. 661, 665 u. f.) oder als Teilzeichnungen für die Herstellung in natürlicher Größe in der Werkstatt oder auf dem Werksatz. Einzelnes wird durch Profilschablonen gegeben (Fig. 665, 666, 670, 671). Da man nicht alle Bauteile in natürlicher Größe zu zeichnen braucht, werden, um an Zeit und Mühe zu sparen, zum Teil nur Einzelheiten im Maßstab 1 : 1 gegeben, das übrige in verkleinerter Darstellung (Fig. 665). Für die Innenausstattung der Räume werden ebenfalls Teilzeichnungen gefertigt. Diese Bauzeichnungen werden zur Kontrolle und für Inventare in mehreren Exemplaren hergestellt (durch Pausen).

Vor Festlegung des Bauprojektes tut man gut, den Bau schaubildlich zu studieren (Fig. 656, 676 bis 678) oder sich ein Modell in Gips, Holz oder Pappe zu fertigen unter Inbetrachtziehung der Bauumgebung (interessante Altbauten, Landschaft).

Es muß Regel sein, in die Werkpläne möglichst viel zur Ausführung nötige Maße einzutragen. Bei Plänen 1 : 1 ist dies nicht nötig. Letztere werden meist für die Baustelle oder Werkstatt mit Bleistift auf Rollenpapier gezeichnet (Detaillierpapier, Rollenpapier, Rollenpausepapier) mit kräftigen Strichen. Die Durchschnitte werden farbig angelegt mit Farbstift oder Tusche (in Stein rot, in Holz braun, Eisen blau)[2]. Den Werkplänen ist zur Sicherung aufzuschreiben: Maße sind am Bau noch zu kontrollieren; oder: Maße sind (vom Handwerker oder Unternehmer) noch zu prüfen, u. a.

---

[1]) Die Planfolge ist demnach: Vorstudie (Fig. 656), Fixierung des Erdgeschoßgrundplanes (Fig. 657), samt Eintragung der Mobilien, Türen, Fenster; dann ebenso eventuell Obergeschoß und Keller, Dachgeschoß. Gleichzeitig Herstellung der Höhenschnitte, aus all dem Entwicklung der Fronten, zusammen mit dem Studium des Schaubildes. Hiernach erst größerer Maßstab, eingehendere Auftragung der Grundrisse, der Fronten, unter Umständen als Werkpläne bis zu 1 : 1.

[2]) Genaue Vorschriften sind im genannten Handbuch d. Arch. enthalten — Arch. Aufnahmen des Verfassers in d. Süddeutschen Bauzeitg. 1897 bis 1900, sowie im Werke: Die Kunstdenkmäler des Großherzogt. Baden, 1896 u. 1908, auch im Werke: Das Bauernhaus im Deutschen Reiche, Dresden 1906, Tafel Elsaß 1—6 und im Werke d. Verfassers: Zur Geschichte d. deutschen Frührenaissance in Straßburg i. E., Straßburg 1906.

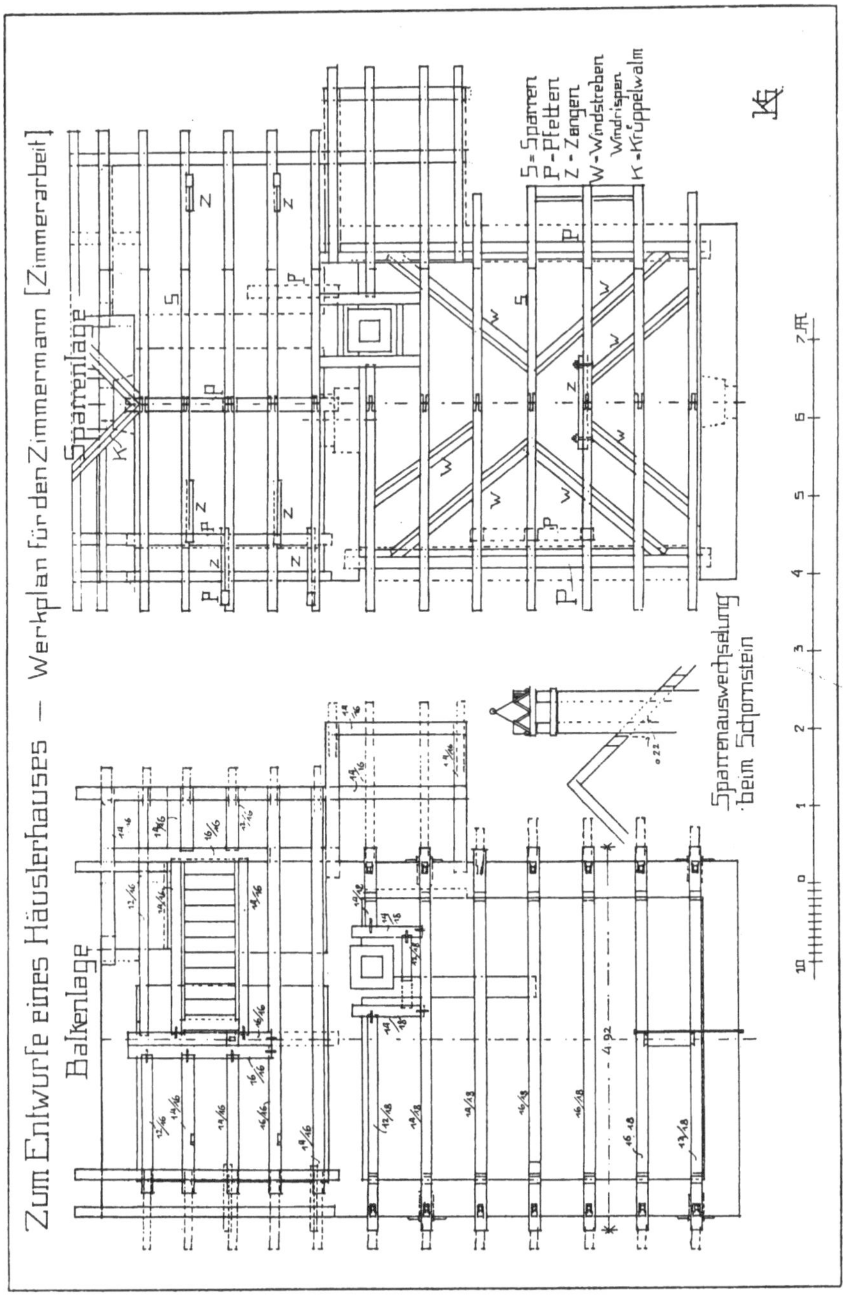


Fig. 661.

Fig. 662.

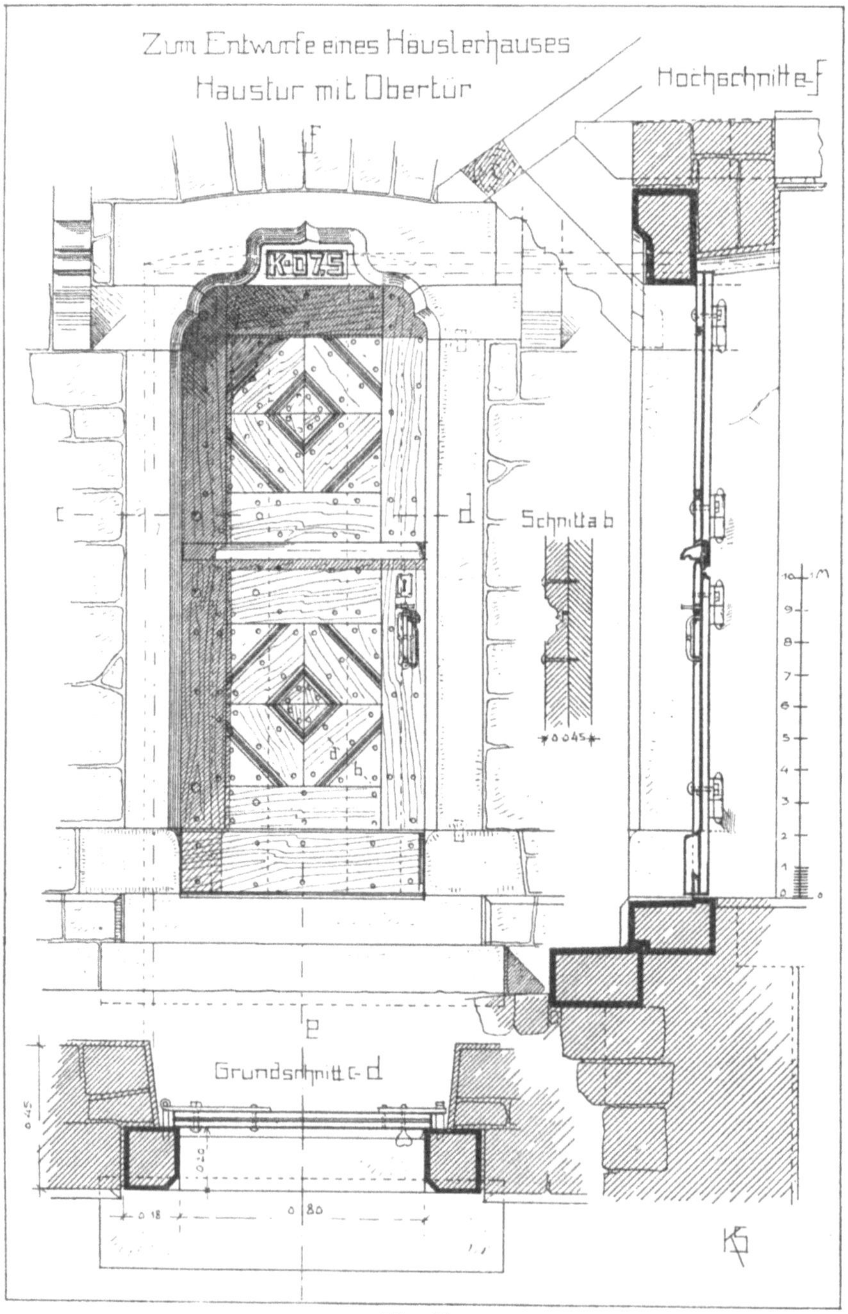
Zum Entwurfe eines Häuslerhauses
Haustür mit Obertür
Hochschnitte-f
K-D7S
Schnitt a b
Grundschnitt c-d

Fig. 663.

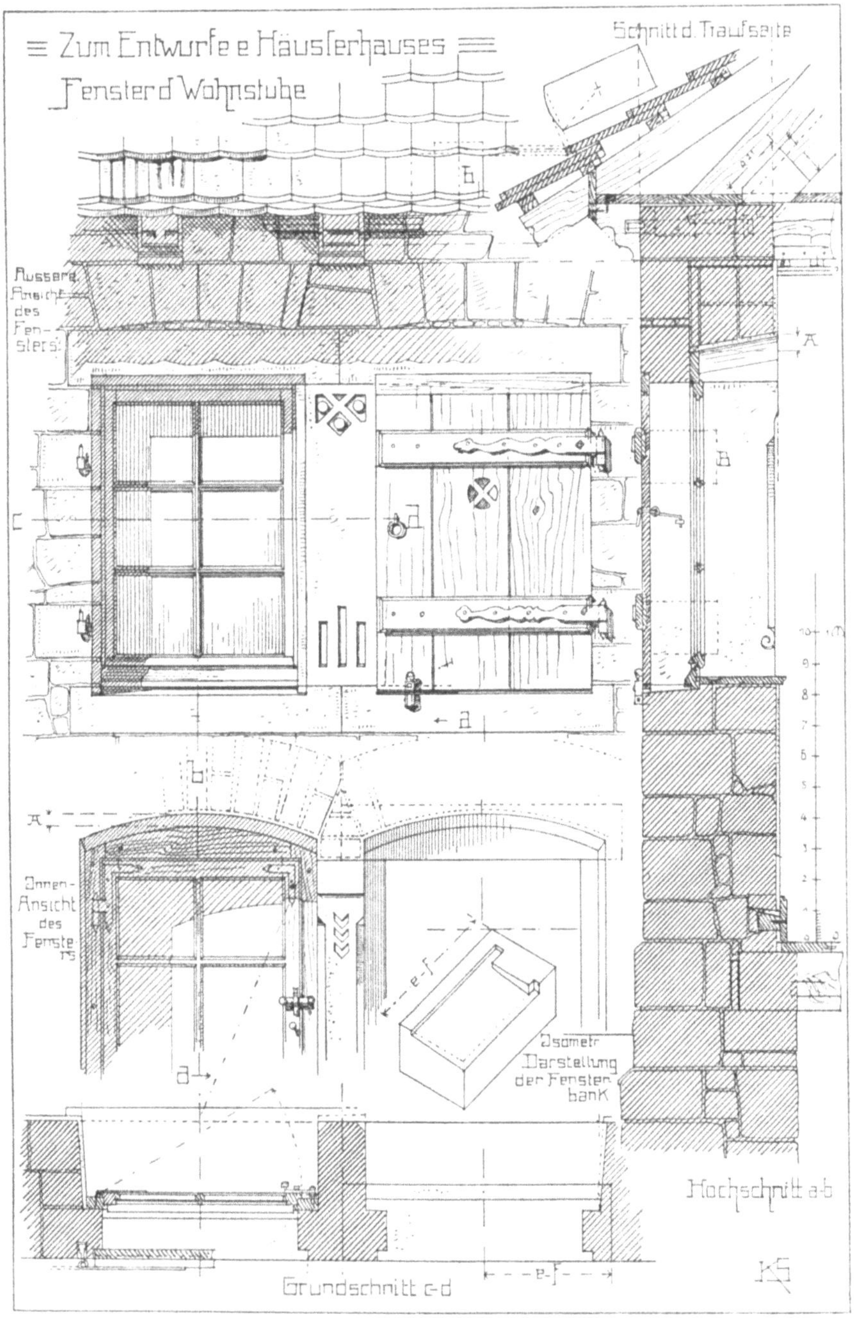
Zum Entwurfe e Häuslerhauses
Fenster d Wohnstube
Schnitt d. Traufseite
Aussere Ansicht des Fensters
Innen-Ansicht des Fensters
Isometr Darstellung der Fensterbank
Hochschnitt a-b
Grundschnitt c-d
KS

Fig. 664.

b) Zeichnerisches, Darstellerisches des A. Z. Vorprojekte werden in einfachen Linien oder leicht schattiert oder getuscht dargestellt. In Bauplänen werden die Querschnitte mit den behördlich vorgeschriebenen Farben charakterisiert (Stein rötlich, als Mauerwerk hellkarmin oder grau, als durchschnittener Werkstein oder Haustein karminrot, Holz im Querschnitt braun mit Terra di Siena usf.). Maßlinien werden rot oder braun oder schwarz, die Maße schwarz und übersichtlich gezeichnet. Bei skizzenhafter Darstellung der Bauzeichnungen werden die Striche an den Ecken etwas über das Ziel hinausgezogen (tadelnswerte Manier; die Ecken werden allerdings etwas hervorgehoben). Gleichmäßigkeit des Striches ist notwendig (gute Ziehfeder! gute Tusche! gutes Papier!). Stehen reduzierte Zeichnungen neben Teilzeichnungen größeren Maßstabes, so werden letztere kräftiger ausgezogen. Allzu dicker Strich ist nicht empfehlenswert, so wenig wie zu dünner. Sichtbare Teile werden ausgezogen, unsichtbare (verdeckte) gestrichelt oder punktiert, Achsen strichpunktiert, Hilfslinien gestrichelt oder punktiert oder andersfarbig gezeichnet. Über dem Schnitt Liegendes wird gestrichelt. Verschiedene Bauzeiten werden durch verschiedene Schraffierung usw. angegeben. (Fig. 682.) Für einfache Skizzen genügt Tönung der Querschnitte mit schwarzer Tusche (Fig. 674). Für Reproduktion in Buchwerken ist Strich- und Schwarzmanier zu empfehlen, farbige Tuschung verteuert die Wiedergabe (Fig. 657, 658). Fugen im Steinverbande der Maueransichten werden in kleineren Maßstäben als wagerechte einfache Linien gezeichnet (Fig. 668), in Teilplänen mit Doppellinien (Fig. 665). Die Materialbearbeitung wird zuweilen für den Handwerker in den Plänen angegeben. Dachdeckung und Schattengebungen werden oft schematisch angedeutet (Fig. 677). Die schaubildliche Skizze wird in einfacherer oder reicherer Manier gegeben (Bleistift-, Feder-, Tuschzeichnung; naturgetreue oder schematische stilisierte Darstellung: Fig. 653, 659; 676, 677). Die geometrisch gezeichneten Bauansichten werden leicht getuscht oder schattiert, in der Baupraxis meist mit den einfachsten Mitteln. Bei Plänen für Umbauten sind die neuen Teile von den alten durch besondere Tönung zu unterscheiden. Die Zahl der den Behörden vorzulegenden Pläne ist meist von dieser bestimmt. — In die Werkpläne trägt man nur das für den betreffenden Handwerker Nötige ein, also in die Werkpläne für den Steinhauer nicht auch die Tischlerarbeiten.

Die Maße werden nur bis $^1/_{100}$ Meter, nicht als Millimeter eingeschrieben. Statt 2,155 + 2,155 trägt man ein: 2,16 + 2,15.

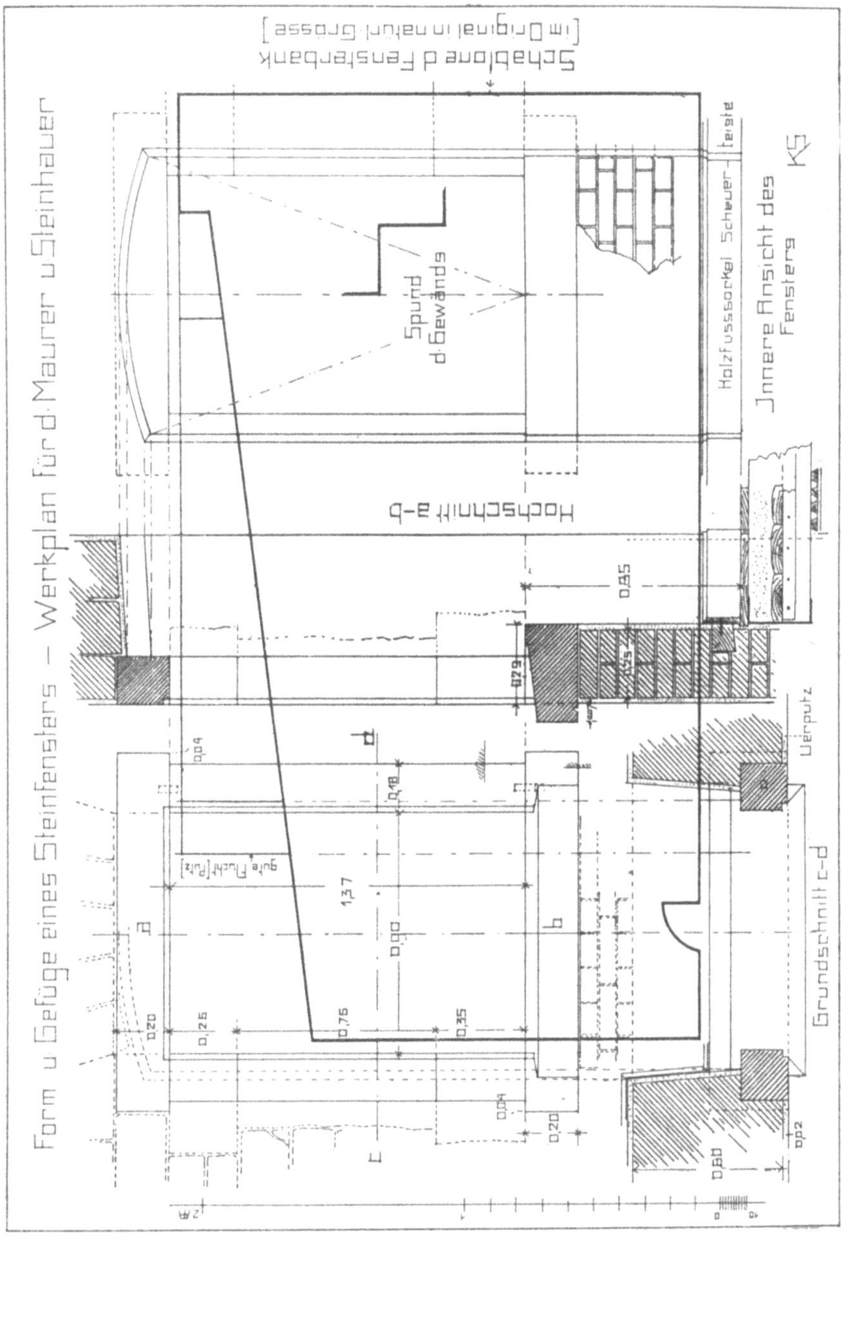
Form u. Gefüge eines Steinfensters — Werkplan für d. Maurer u. Steinhauer
Schablone d. Fensterbank
[im Original in natürl. Grösse]
Spund d. Gewänds
Hochschnitt a–b
Holzfussockel Scheuer-leiste
Innere Ansicht des Fensters
Verputz
Grundschnitt c–d
gute Fluchtputz

Fig. 665.

Höhenschnitte werden oft gebrochen geführt, je nachdem man im Grundplan schneiden will. Bei Pfeilern in Fenstern schneidet man nicht durch diese, sondern durch das Fensterlicht. Allgemein gilt: man schneidet nur so weit, als zur Klarstellung des Projekts nötig ist. Komplizierte Schnitte haben praktischen Wert nicht (vgl. das gotische Fenster auf Fig. 671, ein Höhenschnitt hat meist nur unten bei der Bank Wert, nicht auch beim Maßwerk oben).

Die Eintragung von Einzelheiten der Konstruktion, wie etwa des Mauerverbandes, geschieht nur, soweit es praktischen Nutzen hat (Backsteinverband, Steinschnitt u. a.). Tiefenmaße der Werksteine werden in die Fassadenpläne eingetragen (Fig. 667).

Für verschiedene Baustoffe und Bauformen ergeben sich verschiedene Baugestaltungen: Putzarchitektur (Fig. 676), Putz und Stein (Fig. 675), Putz und Holzfachwerk, Werksteinbau (Fig. 667), Werkstein und Backstein (Fig. 668), Backsteinreinbau, Holzreinbau usf.

Man kann in der Darstellung und Projizierung der Bauglieder zu weit gehen, aber auch zu wenig geben. Insbesondere sollen Baupläne so exakt in Projektion, geometrischer Darstellung und Form sein, daß sich der Bauzeichner dem Handwerker gegenüber keine Blöße gibt. In einigen Fällen ergibt die Herstellung auf dem Werkplatze von selbst ohne eingehende Projektion die richtigen Formenanschnitte (Fig. 669).

Treppen werden oft schematisch in die Pläne eingetragen, da sie doch noch besonders für die Werkstatt in größerem Maßstab gegeben werden. (Fig. 674). Man zeichnet im Grundriß die Stufenvorderkante ein (nicht die Setzstufenkante, höchstens diese gestrichelt). Schematisch werden auch die Fenster im Grundriß eingezeichnet ohne die vorspringenden Fensterbänke, welche ja genauer durch die Steinhauerpläne bestimmt werden. Nur bei Inventarzeichnungen und Aufnahmen nach der Natur ist, wie in Fig. 658, peinlich genaue Darstellung aller Teile nötig, welche nur bei der schematischen Form der reduzierten Pläne in kleinem Maßstab (Fig. 674) wegfällt.

Es ist üblich, in den Werkplänen die Balkenlagen durch Doppelstriche einzutragen; bei Eisengebälk genügt oft ein Strich, besser sind zwei oder mehr (Unterschied von I- und [ Eisen!).

Beim Aufzeichnen des Kellergrundrisses tut man gut, den Erdgeschoßgrundplan vorher aufzuzeichnen, beide ineinander gezeichnet erleichtern die Bauausführung (Fig. 658). Auch wird oft die Fundamentlage mitgezeichnet. Für Berechnungen sind besondere Fundationspläne zu emp-

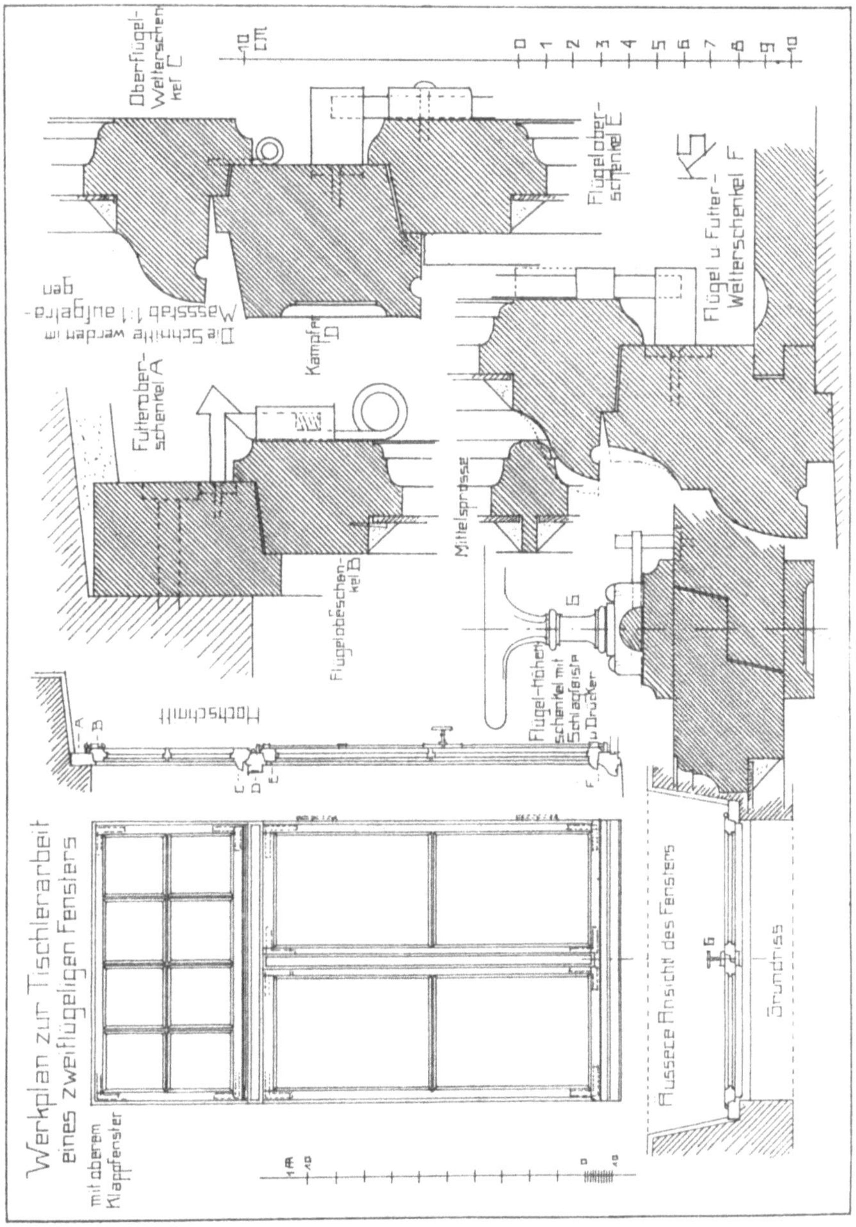
Werkplan zur Tischlerarbeit eines zweiflügeligen Fensters
mit oberem Klappfenster
Hochschnitt
Aussere Ansicht des Fensters
Grundriss
Die Schnitte werden im Masstab 1:1 aufgetragen
Futteroberschenkel A
Kampfer D
Oberflügel-Wetterschenkel C
Flügeloberschenkel E
Flügel u. Futter-Wetterschenkel F
Mittelsprosse
Flügelhöhenschenkel mit Schlagleiste u. Drücker
10 cm

Fig. 666.

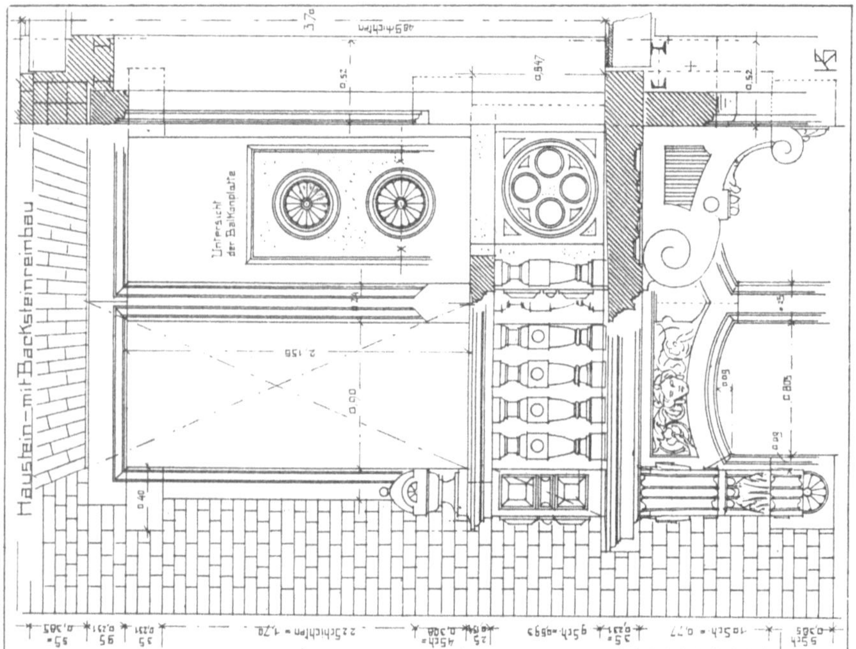


**Fig. 668. Teilzeichnung einer Fassade mit Hausteinteilen und Backstein-Flächenverblendern.**

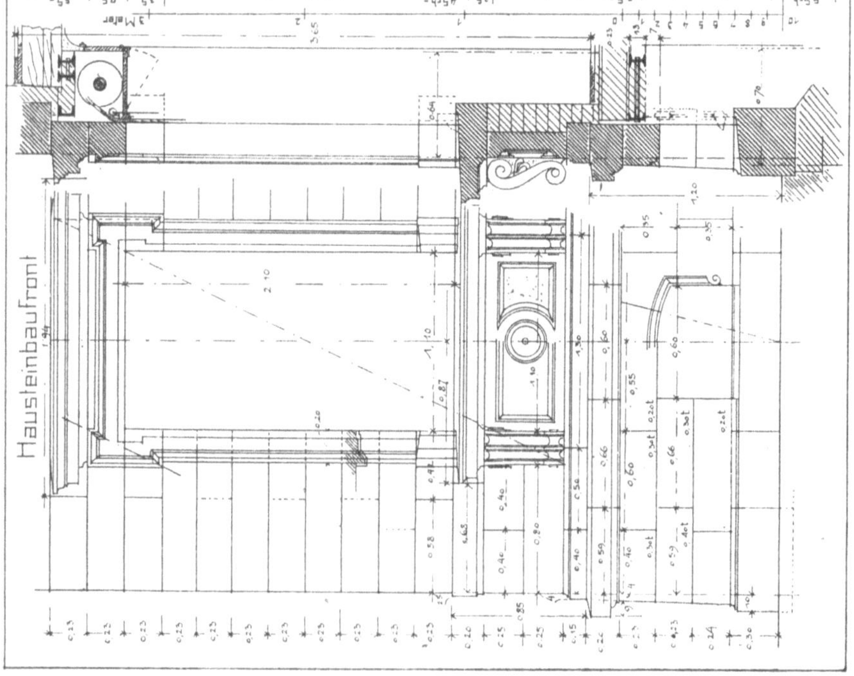


**Fig. 667. Teilzeichnung zu einer Hausteinfassade.**

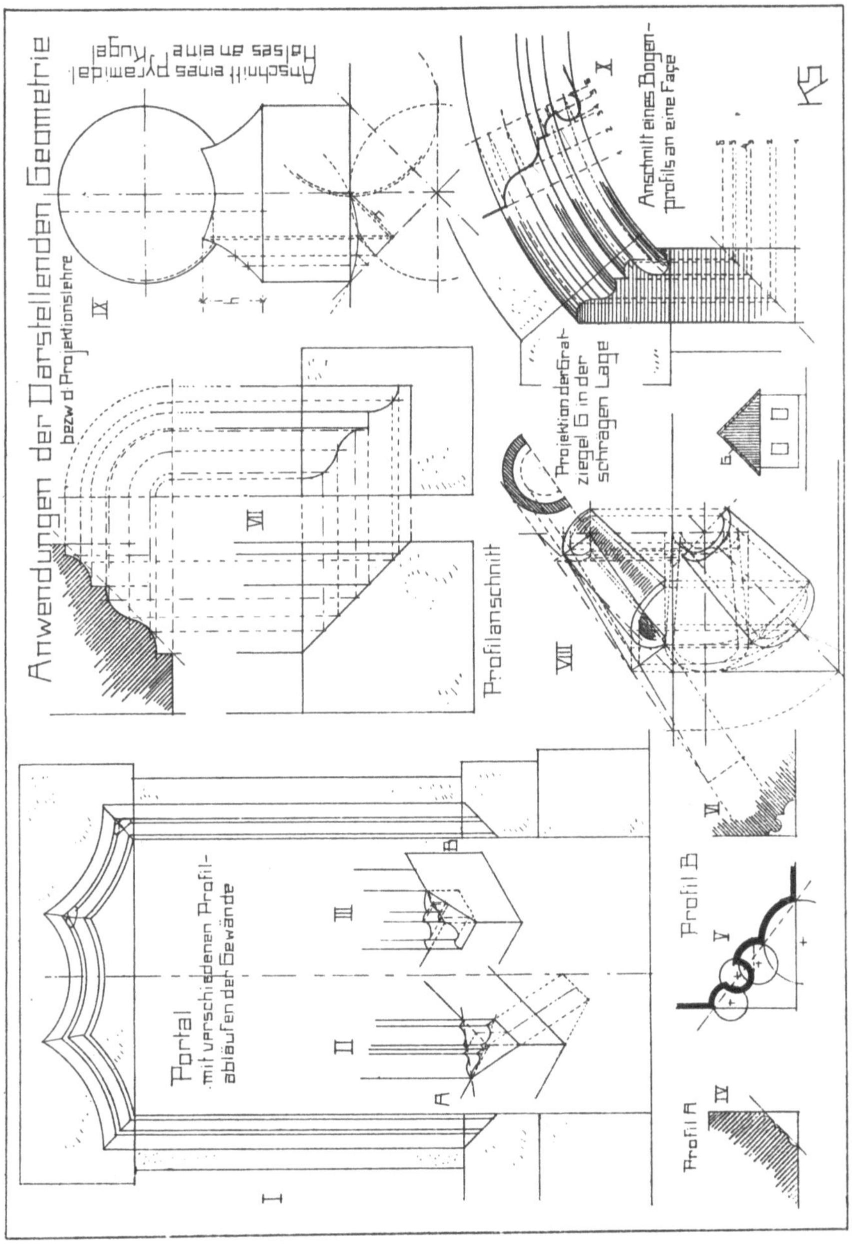
Anwendungen der Darstellenden Geometrie
bezw d. Projektionslehre
Anschnitt eines Pyramidalhalses an eine Kugel
Profilanschnitt
Projektion der Gratziegel G in der schrägen Lage
Anschnitt eines Bogenprofils an eine Fase
Portal mit verschiedenen Profilabläufen der Gewände
Profil A
Profil B

Fig. 669.

fehlen. Der Dachwerksatz wird auf Grund des obersten Deckengebälks entwickelt und im Querhöhenschnitt, Längsschnitt und in der Dachsparrenlage gezeichnet; wo nötig, sind mehrere Höhenschnitte und Gebälklagen (Kehlgebälk!) zu zeichnen[1]).

Zur leichteren Aufzeichnung kann man von einem eingezeichneten Achsenkreuz bei Übertragung der Grundrisse ausgehen.

Bei der Herstellung des Durchschnitts der Hinterwölbung von Öffnungen ist der Querschnitt aus der Ansicht heraus zu entwickeln (Fig. 665).

Fußböden mit Steinplattenbelag müssen bei reicherer Bildung eingezeichnet werden unter Berücksichtigung der Raumform (Anwendung von Uniplatten zum Ausgleich). Deckenbildungen werden im Grundplan gestrichelt eingetragen und für reichere Herstellung besonders werkplanmäßig gezeichnet.

Bei den Hochschnitten zeichnet man in der Regel nur das Notwendigste des Rohbaues, also kein Tischlerholzwerk ein. Nur für das Studium der Innenausstattung werden besondere Pläne dazu gefertigt (Fig. 679, 666).

Luftisolierschichten werden in den Werkplänen eingetragen (Fig. 658). Hauswasseranlagen und Installationen desgleichen.

Von besonderer Wichtigkeit ist die Anordnung der Zeichnungen auf dem Zeichenblatt. Man kann hier grobe Formfehler begehen und die Güte der Darstellung beeinträchtigen, überlege daher vor Aufzeichnen eingehend die Verteilung. Dasselbe gilt von der Beschriftung.

Diese soll zu der Art der Motive passen, nicht zu groß, nicht zu klein sein. In vielen Fällen genügt die einfachere Rundschrift oder die Stabschrift (Skelettschrift, Fig. 673). Zu mittelalterlichen Motiven eignet sich die gotische Schrift. Man hüte sich vor zu komplizierten, unleserlichen und manierierten Schriften (vgl. Fig. 673).

Schattenkonstruktionen werden mit Schraffierung (Diagonalstrich, um Kollision mit den anderen Strichen zu vermeiden) oder getuscht hergestellt (Fig. 657, 664). Lichtstrahl von links nach rechts, der Einfachheit halber meist unter 45° im Grund- und Aufriß. Beim Tuschen der Schatten umreißt man diesen ganz mit Tuschlinie (Bleistiftlinie gibt durch das Korn unordentlichen Umriß!). Je schärfer

---

[1]) Für die Kostenberechnung und Ausführung mit Maßen der Hauptbalkenlängen (Maße als Normalmaße, vgl. Baukunde). Als Grundlage zur Kostenberechnung pflegt man (vgl. Fig. 658) in den Grundrissen die Räume zu numerieren und deren Umfang und Flächeninhalt einzuschreiben.

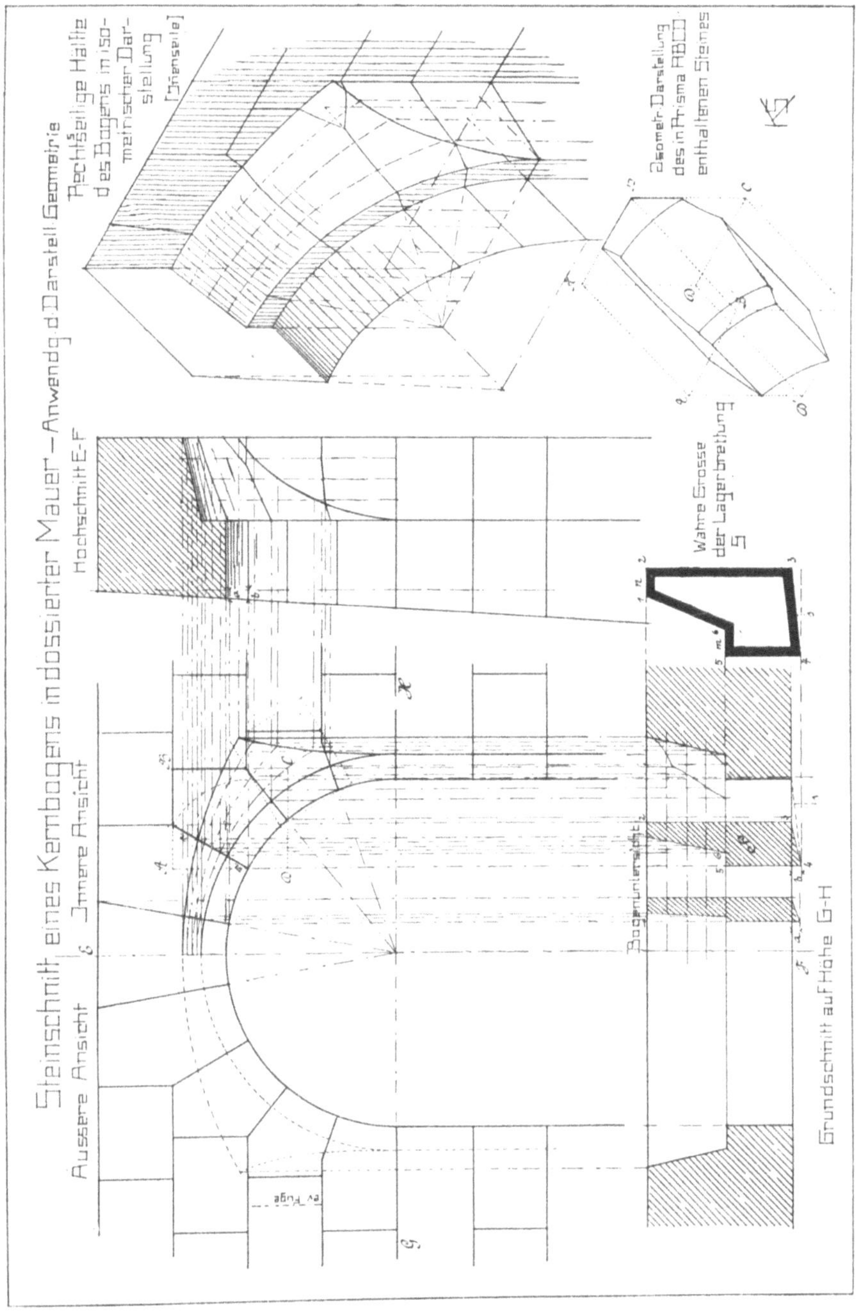
Steinschnitt eines Kernbogens in dossierter Mauer — Anwendg. d. Darstell. Geometrie
Aussere Ansicht
Innere Ansicht
Hochschnitt E-F
Grundschnitt auf Höhe G-H
Wahre Grosse der Lagerbretung
Isometr. Darstellung des in Prisma ABCD enthaltenen Steines

Fig. 670.

die Schatten im Umriß, desto besser die Wirkung. Zu dunkle Tönung der Schatten ist zu vermeiden, Schatten auf hellem Wandgrund sind heller, dicht am schattenwerfenden Körper dunkler. Untergrundierung fertiger Schatten mit chinesischer Tusche ist zuweilen vorteilhaft. Schematische Darstellung der Schatten ohne feinere Einzelabstufung der Töne ist für Bauzeichnungen oft vorteilhaft (Antuschen mit einfachem Sepiaton usw.).

Das Anlegen der Fassaden mit farbiger Tönung, auch der landschaftlichen Staffage, berührt das Gebiet der malerischen Darstellung (vgl. den Abschnitt dieses Buches). Man kann hier versuchen, die Naturtöne zu geben, wie sie sind, oder einfacher, nur mit einigen Haupttönen zu wirken. Das letztere ist für Architekturpläne vorzuziehen. Meist gibt man dem Dach einen rötlichen oder anderen einheitlichen Farbton, je nach der Art der Dachdeckung, die Fassaden läßt man weiß oder leicht getönt sich von einem weißen oder leicht graublauen Hintergrund abheben oder von grünlicher Landschaft; die Baumstaffage gibt man schematisch oder ungefähr der Natur und Lage des Gebäudes entsprechend an oder läßt sie ganz weg und verbindet sie nur mit dem Schaubild. Letzteres kann mit einfachen Strichen (Fig. 676) oder mit skizzenhafter einfacher Schatten- und Tonangabe (s. Fig. 678) oder mehr naturalistisch (s. Fig. 659), aber auch stilisiert gegeben werden, wobei der Baumschlag schematisch gezeichnet wird, eine neuerdings viel übliche Darstellungsart. Bei eingehenderer Ausarbeitung werden oft auch die Umrisse der Architektur weggelassen und nur Schattentöne gegeben (Fig. 653), die einfachste Darstellung ist die der Strichmanier-Handskizze (Fig. 656).

Die Eintragung eines Gewölbes im Grundplan veranschaulicht Figur 671 und zeigt, wie aus dem im Grundriß umgeklappten Werksatz der Rippen die Projektionen in Grund- und Aufriß bestimmt werden. Allgemein gilt, daß die Art eines Gewölbes nicht aus dem Grundplan allein bestimmt werden kann (man beachte dies z. B. für Kreuz- und Kuppelgewölbe).

Für die Herstellung des auf Figur 671 gezeichneten Fensters durch den Steinmetzen genügt die geometrische Ansicht (der Aufriß), sowie die Schablone der Gewände im Grundriß, welche ihm alle Tiefenmaße angibt. Das Fenster wird so in natürlicher Größe auf dem Reißboden aufgetragen (Fußboden aus Steinplatten oder Gipsestrich, auch Holz).

Das Übertragen einer Bauzeichnung in einen größeren oder kleineren Maßstab geschieht mittels eines Reduktionsmaßstabes oder durch Reduktion mit dem Zirkel.

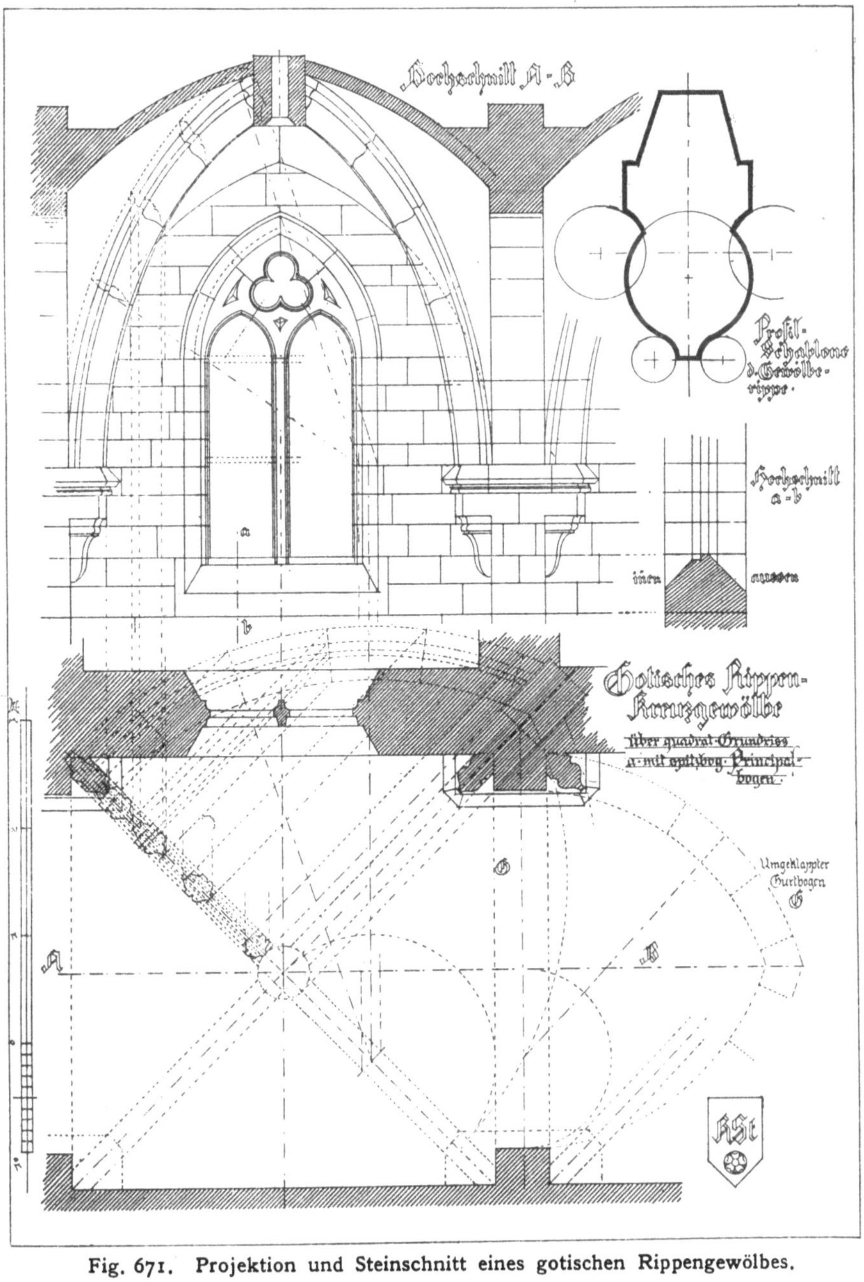


Fig. 671. Projektion und Steinschnitt eines gotischen Rippengewölbes.

## III. Das Aufnehmen von Architekturen.

a) Die architektonischen Aufnahmen zeigen den umgekehrten Weg des Zeichnens, von der Naturgröße bis zum verkleinerten Maßstab. Es werden von einem Bau der Grundplan (unter Umständen mit Feldmeßgeräten), die Höhenschnitte und Ansichten, die Einzelheiten in Bleistiftskizze aufgetragen (Skizzenbuch) unter Einfügung sämtlicher Maße (vgl. Fig. 680, 681); sodann wird danach auf dem Reißbrett das Aufgemessene mit Hilfe des Maßstabes (meist reduziert) aufgezeichnet und entsprechend dem Zweck und der Verwendung getuscht oder einfach ausgezogen. Für Veröffentlichungen werden die Durchschnitte meist schraffiert oder schwarz getönt (Fig. 682). Verschiedene Bauzeiten werden durch verschiedene Tönung hervorgehoben, wobei es üblich ist, die älteste (hierzulande meist romanische) Periode mit dem dunkelsten Ton anzugeben (Fig. 682). Beim Aufnehmen sind möglichst viele Kontrollmaße zu nehmen. Das Aufnehmen geschieht meist mit einfachen Hilfsmitteln (Taschenmaßstab, Stahlbandmaß, Senkel, Schnur, Wasserwage, Maßstab, Setzlatte usf.). Das Aufnehmen erhält praktischen Wert, wenn neue Bauteile an alte angefügt werden sollen, wo dann letztere so genau aufzunehmen sind, daß neu danach zu bearbeitende Stücke sich den alten gut anpassen. Da die Maße am Ort meist erst in ein Skizzenbuch eingetragen und anderswo in einem Bureau aufgetragen werden, hat man sich äußerster Genauigkeit zu befleißen beim Messen und Skizzieren; es ist zu raten, die Skizzen nicht, wie es angehende Bautechniker meist machen, oberflächlich flüchtig, sondern der Erscheinung der Bauteile entsprechend, also in den richtigen Verhältnismaßen zu skizzieren, man spart sich dann später viele Zweifel und Mühen. Auch soll man sich angewöhnen, geometrisch genau zu skizzieren, möglichst durch Schnitte Klarheit zu geben, Einzelheiten stets groß herauszutragen, etwa auch schaubildlich, falls man nicht vorzieht, diese Teile durch photographische Aufnahmen darzustellen. Je größer im Skizzenbuch der Bauteil gezeichnet wird, desto besser; manches kann in natürlicher Größe gegeben werden, oft das Ornamentale. Bei Portalen z. B. wird man sich darauf beschränken, dieselben allgemein in den Hauptmaßen anzudeuten, die Einzelheiten größer daneben oder gesondert zu skizzieren.

Bei Aufnahmen von Grundstücken wird man oft mit einfachen Maßen auskommen, wobei Diagonalmaße als Kontrollmaße zu nehmen sind. Man erleichtert sich oft die Arbeit durch Anlage eines Achsen-

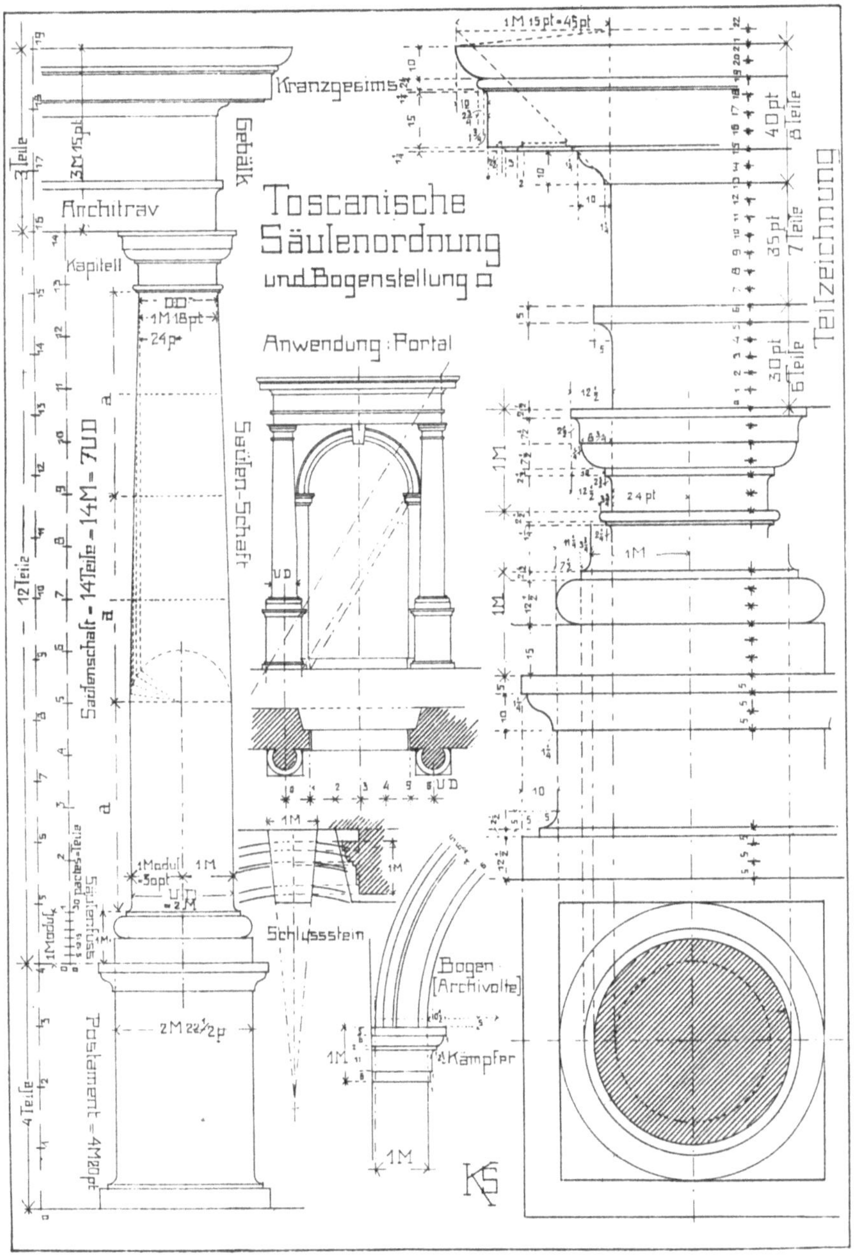
Toscanische
Säulenordnung
und Bogenstellung
Anwendung: Portal
Kranzgesims
Gebälk
Architrav
Kapitell
Säulenschaft = 14 Teile = 14 M = 7 UD
Säulen-Schaft
Säulenfuss
Postament = 4 M 20 pt
Schlussstein
Bogen (Archivolte)
Kämpfer
Teilzeichnung
KS

Fig. 672.

kreuzes mit zwei Schnüren, wobei der rechte Winkel von $90^0$ durch die Abmaße von den Seiten 3, 4, 5 oder 6, 8, 10 (Meter) bestimmt wird (Fig. 680). Die Flächenmaße von Querschnitten werden nach Figur 681 festgestellt. Säulendurchmesser werden am besten durch den Umfang mit einer Schnur bestimmt (Fig. 681). Sehr häufig kann bei genauem

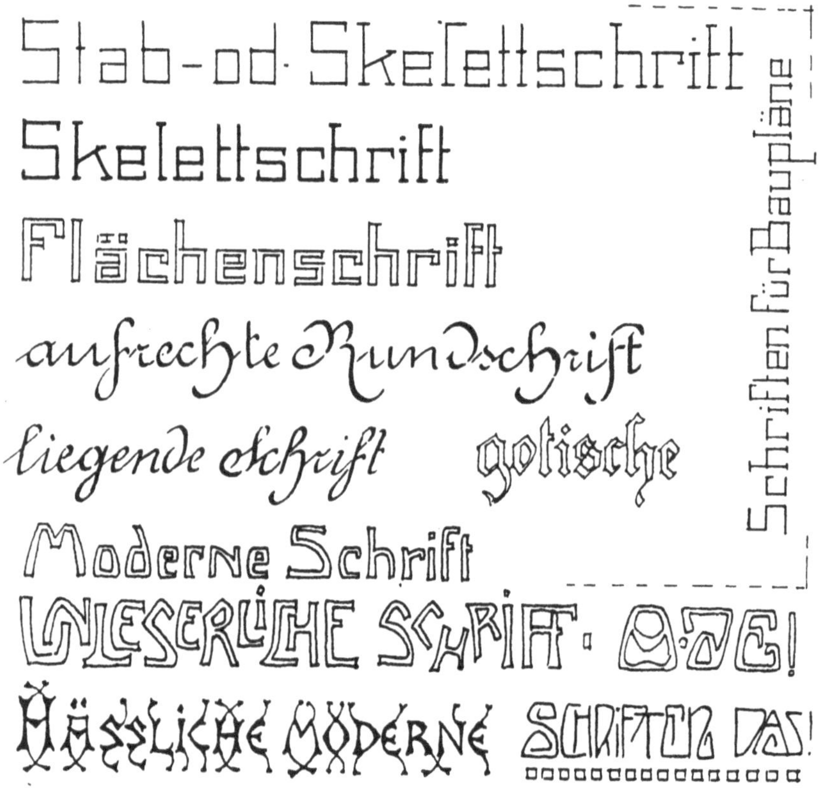


Fig. 673.

Messen ein Kanon der Komposition nachträglich festgestellt werden (Fig. 681). Die Terrainunterschiede eines Grundstücks lehrt die Feldmeßkunde mit einfachen Hilfsmitteln oder dem Nivellierinstrument zu bestimmen.

P r o f i l e erfordern sorgsamstes Messen. Es werden sowohl die Höhenmaße der Profilglieder wie die Entfernungen von einer Normallinie (meist durch den Senkel, an der vordersten Profilkante angehängt) bestimmt. Auch hier sind Kontrollmaße nötig, besonders in den Kehlen, bei den Wulsten, Karniesen usf. (Fig. 680, 681). Bei Höhenmaßen muß man sich zuweilen einer Wasserwage und eines Richtscheits bedienen. Die Höhe von Gewölbescheiteln über Fußboden werden durch Bandmaß von den Schlußsteinöffnungen vom Dachboden aus bestimmt oder (ungenau) durch Kinderluftballon, durch Visieren oder am besten durch Messen mit dem Theodolit. Bei Hausfronten geht man von einer mit der Wasserwage und Setzlatte bestimmten, an das Haus gezeichneten Normallinie (± o) aus. Man mißt von da bis Oberkante der Fensterbank, Unterkante des Fenstersturzes, bis Hauptsims, Gurtsims usf., sowie von Fensterbank bis Fußboden usw., mit dem Stahlbandmaß (nicht mit dem dehnbaren Stoffband!).

Konstruktionsteile sollte man möglichst noch schaubildlich mit Bezug auf das Gefüge darstellen. Dem Gefüge der Bauteile in Wänden und Dachstuhl, Steinverband, Steingröße, Fachwerk, dem Stein- und Fugenschnitt, der

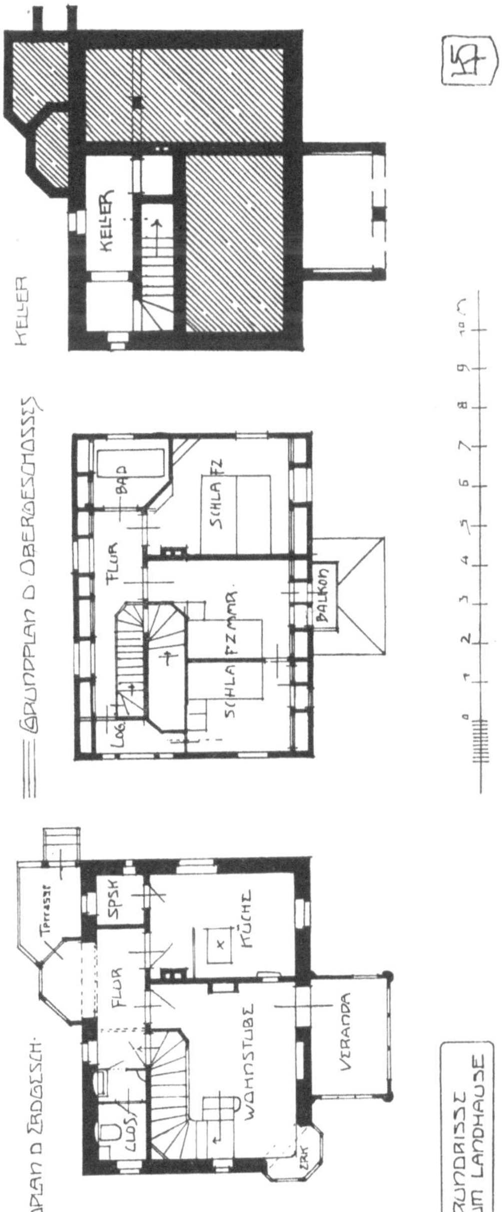


Fig. 674. Grundrisse eines Landhauses (zu Fig. 675—679).

Steinbearbeitung, der Art des Materials, Steinmetzzeichen, Inschriften, Farbgebung, ist besondere Aufmerksamkeit zu widmen. Ebenso Teilen der Konstruktion, wie Krummhölzern, Bolzen des Fachwerks,

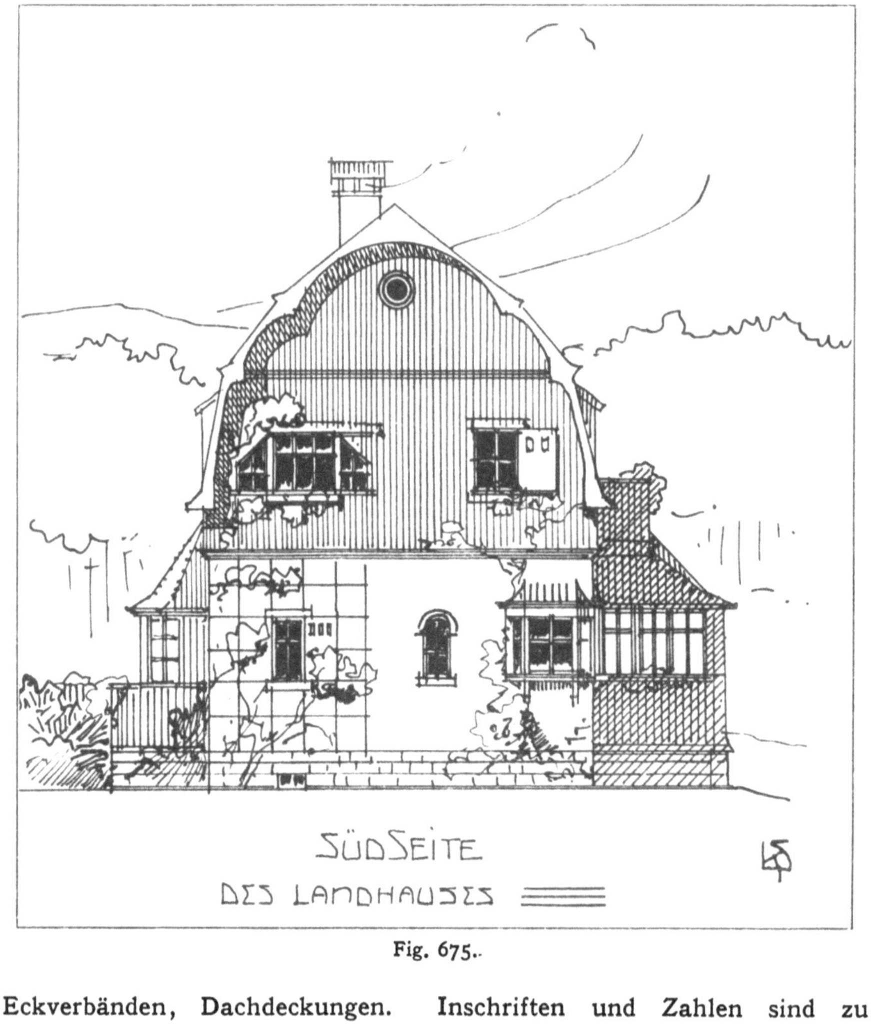


Fig. 675.

Eckverbänden, Dachdeckungen. Inschriften und Zahlen sind zu messen, nicht bloß zu skizzieren, da sie oft gefälscht und wichtige Dokumente für Alters- und Stilbestimmung sowie für die Person des Erstellers sind. Gegebenenfalls ist die Materialbearbeitung anzugeben (geflächt, scharriert, mit Zahneisen bearbeitet, bossiert usw.). Die Ge-

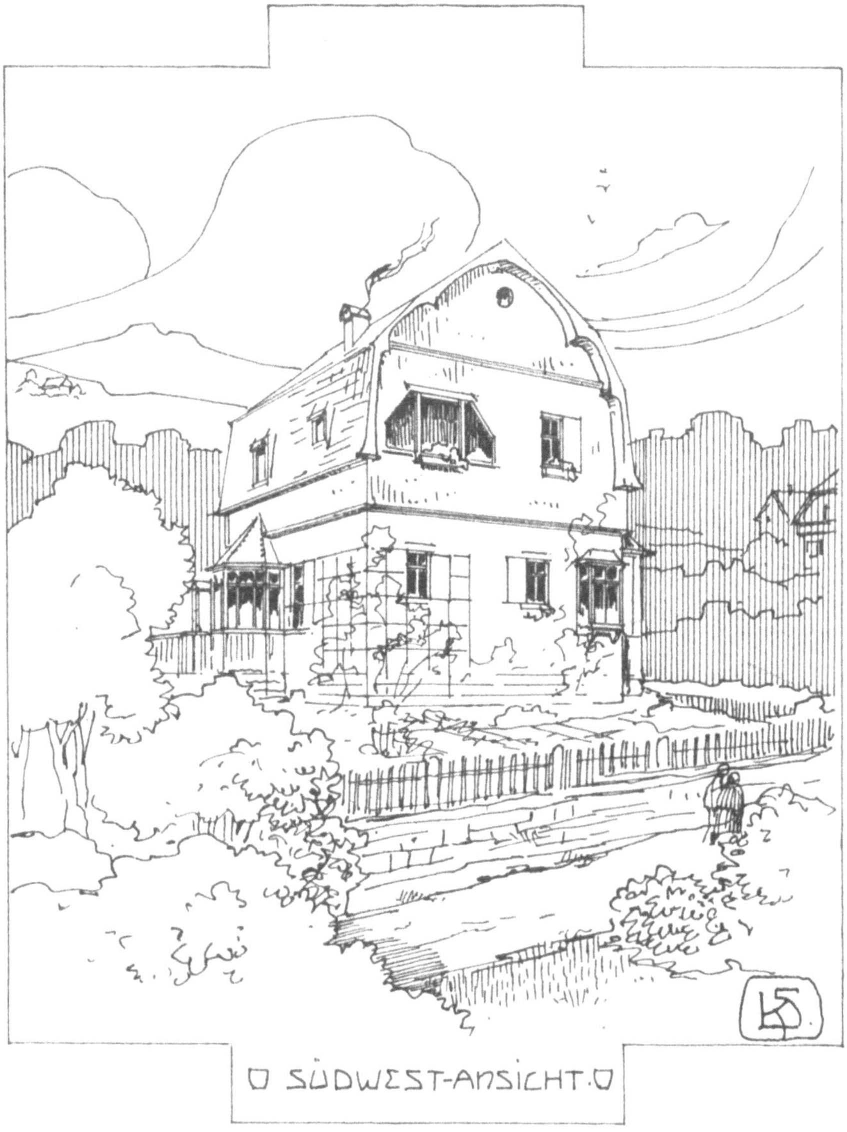


Fig. 676.

bäude sind zu messen, wie sie sind, auch mit den Unregelmäßigkeiten und Krümmungen; im Fachwerk der Fronten sind die Hölzer einzeln zu messen. Spätere Umbauten oder früherer Bestand sind einzutragen,

Rekonstruktionen sind sorgsam und nur auf Grund genauer Untersuchungen und von unzweifelhaften Funden zu machen. Unter Umständen ist verwandte Bauart von anderer etwa benachbarter Stelle bei-

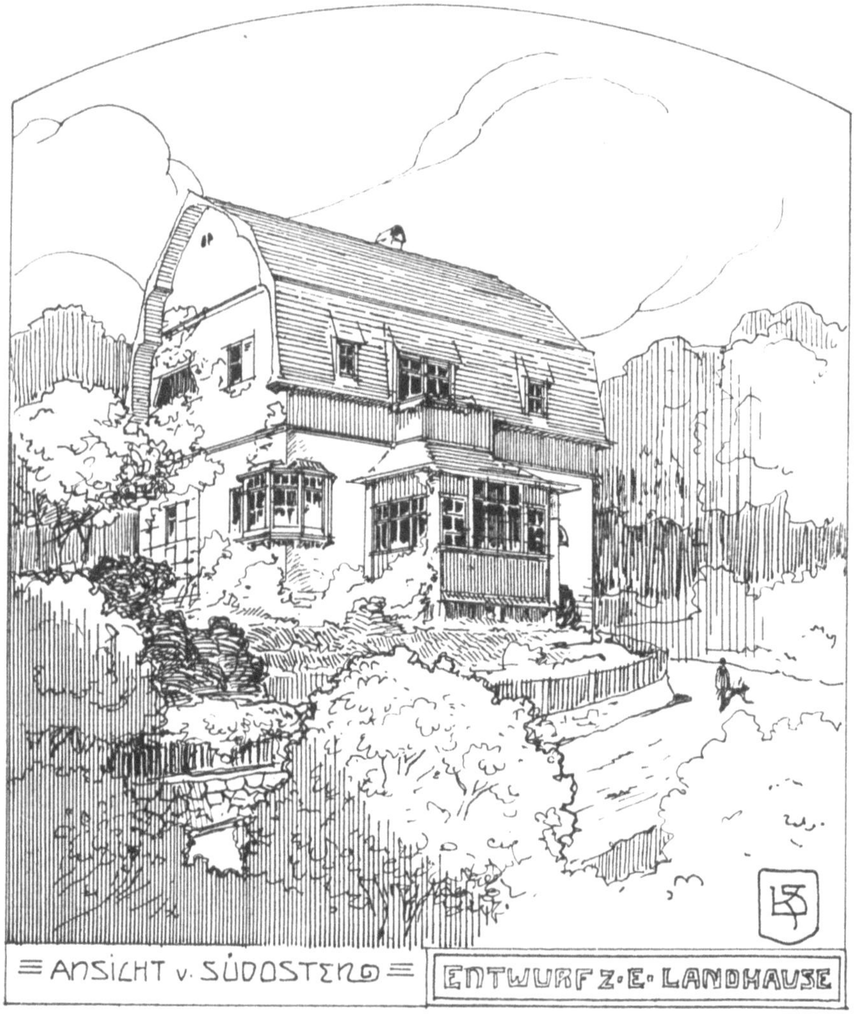


Fig. 677.

zuziehen. Reste alter Bemalung sind zu prüfen und aufzunehmen. Bei Steinmetzzeichen ist ihre Lage, Zahl, Größe, Bearbeitungsart anzugeben. Bei der Skizze von Ausgrabungen ist die Lage des Terrains und Form

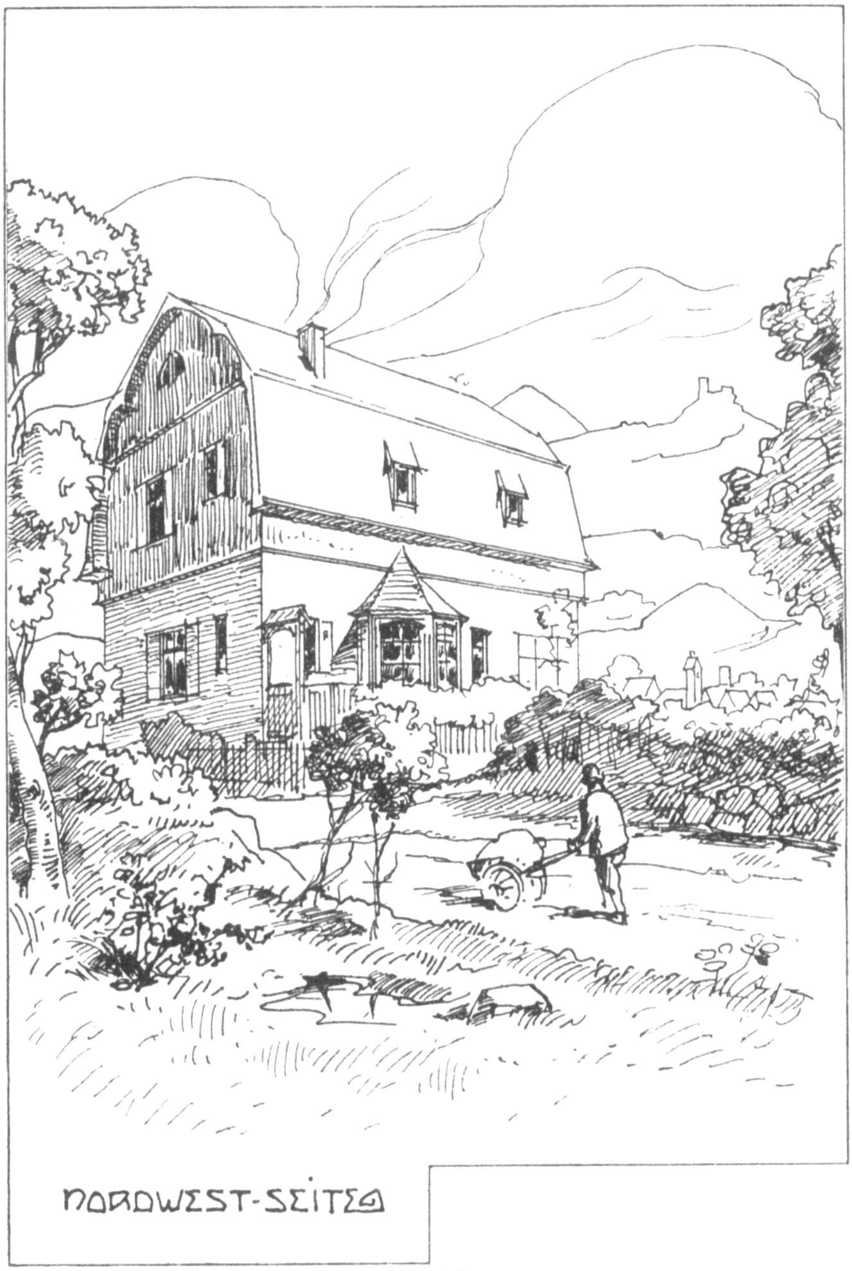


Fig. 678.

sowie diejenige aller Abhubschichten genau aufzuzeichnen unter Eintragung der Funde und ihrer Art. Genaue Aufnahmen lassen oft eine Kompositionsregel extrahieren (Fig. 681). Man tut gut, gleichzeitig mit Aufnahmen alle geschichtlichen Vorgänge, bildliche und urkundliche Anhaltspunkte zu studieren und auch Ortstraditionen zu benützen. Die vorhandene Form eines älteren Bauwerks ist nicht stets der Urzustand, man muß durch Untersuchung letzteren häufig erst zu erforschen und zu erkennen suchen. Dachstühle sind häufig nicht mehr die alten. Insgesamt sollen nebst den allgemein baulichen Teilen auch alle Einzelheiten, wie Schlösser, Beschläge usw., vermessen werden. Ornamentale Teile sind, wenn möglich, 1 : 1 zu zeichnen und jedenfalls zu messen, nicht bloß zu skizzieren.

b) Die architektonische Skizze als Studie nach der Natur gelingt durch Verhältnisschätzung, wobei ein Normalmaß, etwa eine Turmbreite oder Höhe, zugrunde gelegt wird; mit diesem Maß bei ausgestrecktem Arm wird mit einem Bleistift ein Verhältnis zu den übrigen durch Visieren zu bestimmenden Teilen festgesetzt. Bei Einfügung der Bilder in einen gegebenen Rahmen des Skizzenblattes legt man ein Grundmaß zugrunde, nach welchem die übrigen bestimmt werden (vgl. Freizeichnen nach der Natur). Die schaubildlichen Linien bestimmt man durch Suchen des Horizonts (stets auf Augenhöhe), ihres Schnittes auf demselben, was die Perspektive lehrt.

Das nach der Natur gefertigte Architekturbild kann mit Bleistift, Feder, gezeichnet und einfach dargestellt, leicht schattiert oder getönt sein; es kann naturgemäß oder stilisiert gehalten werden. Bei Angabe der Schatten kann allgemeine Tönung, schematische oder naturgemäße, gegeben werden. Bleistiftschraffur oder -Tönung des Schattens setzt Kenntnis der Farbenwerte voraus. Das gedankenlose, unverstandene Schattieren, wie es Anfänger belieben, ist tadelnswert. Besser ist Zeichnen ohne Schattengebung. Größte Genauigkeit ist Erfordernis; der photographische Apparat ist heute ein zu strenger Korrektor falscher Aufnahmen! Wenn zehn Zeichner etwas aufnehmen, sollen alle zehn Aufnahmen richtig sein! Nur der Maler beliebt, da und dort bei Architekturgruppen in Kleinigkeiten flüchtig zu sein, was indessen nicht zu rechtfertigen ist. — Die genauen Meßbildaufnahmen nach dem Meydenbauer-Verfahren ersparen oft viel Zeit und Mühe. In bedeutenden Höhen kann eine genaue Aufnahme nur durch Herstellung von Gerüsten erfolgen. Den Aufnahmen ist Ort und Straße, Hausnummer usw. beizufügen. —

FSC
www.fsc.org
MIX
Papier | Fördert
gute Waldnutzung
FSC® C083411

Kolibri 360 GmbH
Ferdinand-Jühlke-Straße 7
99095 Erfurt, Deutschland
produktsicherheit@kolibri360.de